ÉTUDE

SUR

L'ACCOMMODATION DE L'ŒIL

ÉTUDE

SUR

L'ACCOMMODATION DE L'ŒIL

PAR

LOUIS-VICTOR POULAIN

Né à Saint-Clair-de-Halouze (Orne)

DOCTEUR MÉDECIN

Ex-Aide-Major au 1er bataillon de l'Aisne pendant le siége de Paris (1870-1871)
Ex-Interne de l'hôpital du Mans

PARIS

G. MASSON, ÉDITEUR

LIBRAIRE DE L'ACADÉMIE DE MÉDECINE

17, PLACE DE L'ÉCOLE-DE-MÉDECINE, 17

MDCCCLXXVI

A LA MÉMOIRE DE MON PÈRE

A MA MÈRE

A TOUS MES PARENTS

A MON ONCLE
Ex-Principal au collége de La Ferté-Macé
Faible témoignage de ma profonde reconnaissance

A MES AMIS

ÉTUDE

SUR

L'ACCOMMODATION DE L'OEIL

PRÉLIMINAIRES

L'accommodation, dit M. Giraud-Teulon (1), dans le *Dictionnaire encyclopédique des sciences médicales*, est : « la faculté qu'a l'œil de percevoir des images nettes aux distances les plus variables, c'est-à-dire depuis une distance moyenne de trois à quatre pouces jusqu'à l'horizon lui-même. » Beaucoup d'hypothèses ont été proposées pour résoudre ce grand problème ; aucune, jusqu'à ce jour, n'a pu mettre d'accord tous les physiologistes. Aussi, nous désirons que l'on ne se méprenne pas sur le but de notre travail. Nous voulons seulement étudier *physiologiquement* le jeu de l'appareil optique dans l'accommodation, c'est-à-dire rechercher par quel mécanisme le globe de l'œil met le foyer lumineux en rapport exact et précis avec l'écran destiné à en recevoir l'impression, quelle que soit la distance, petite ou grande, de l'objet d'où provient l'image.

Nous nous bornerons à ce modeste rôle de l'opticien qui

---

(1) Article ACCOMMODATION, t. Ier, p. 324.

explique comment il faut faire agir la vis de rappel, pour allonger ou raccourcir le tube d'une lunette que l'on veut mettre au point : avouant que traiter la question en physicien, examiner de quelle quantité doit se déplacer l'écran ; ou bien encore trouver les variations exactes des courbes des milieux réfringents, qui portent en toutes circonstances le foyer à une distance convenable, serait une tâche au-dessus de nos forces.

Nous nous contenterons, à cet égard, de rappeler certains principes de physique élémentaire très-connus et dont le simple énoncé suffira. Quant à la partie physiologique de la question, nous lui donnerons, autant que possible, tout le développement qu'elle comporte. Cependant, si nous croyons donner une solution sinon exacte, du moins proche de la vérité, nous devons rappeler que la nature arrive fréquemment au but par des moyens complexes, quoique, dans sa prévoyance, elle ait souvent pu obtenir le résultat à l'aide d'un seul de ces moyens, de même que dans son économie elle fait concourir un seul organe à l'accomplissement d'actes très-différents, et réciproquement de même qu'elle fait concourir plusieurs organes à l'accomplissement d'un seul acte, ainsi que la physiologie nous le démontre souvent. Aussi, notre conclusion ne sera pas exclusive. Nous serons heureux si nous avons pu indiquer une des voies ou des procédés de la nature, en nous gardant bien de dire qu'elle n'en ait aucun autre.

Nous allons repasser en revue, aussi brièvement que possible, les principales théories sur l'accommodation, pour arriver nous-même à développer notre opinion sur cette question. Nous voulons parler du rôle de l'iris principalement, et de quelques muscles de l'œil en particulier. Cette théorie a été tour à tour reprise et abandonnée. Sans prétendre l'avoir résolue complétement, je veux, tout en respectant les idées de physiologistes très-remarquables qui ne partagent pas cette opinion, y apporter ma part d'observation.

Nous allons étudier dans plusieurs chapitres les points qui se rattachent à cette grande question.

DIVISION DU SUJET

I. — Il existe réellement une faculté d'accommodation.

II. — Historique et discussion des principales opinions sur l'accommodation.

III. — Rôle de l'iris et de certains muscles de l'œil au point de vue de l'accommodation.

IV. — Conclusion.

CHAPITRE Ier.

L'œil s'accommode-t-il ?

Un premier point à examiner, c'est la question de savoir si l'œil s'accommode. Je crois que personne ne conteste plus le fait aujourd'hui ; cependant, il me semble nécessaire de résoudre cette première question, pour qu'aucun point ne reste obscur.

D'ailleurs les preuves abondent : 1° Si nous regardons un objet placé à une certaine distance à travers un grillage, une croisée, etc., etc..... nous voyons confusément l'obstacle interposé, et nettement l'objet visé ; notre œil étant accommodé seulement sur le point que nous voulons considérer. Et réciproquement, sans changer d'attitude, sur l'ordre pur et simple de la volonté, l'œil cesse de voir avec précision les objets placés au delà du grillage de la croisée, pour ne plus voir distinctement que ces obstacles. L'habitude d'un effort accommodatif répété entraîne dans l'œil des modifications persistantes. C'est ainsi que l'exercice du microscope développe la myopie.

Un savant russe, Simonoff, avait voulu établir que depuis une distance infinie jusqu'à un faible éloignement de 50 centimètres du globe oculaire, tous les rayons lumineux qui traversent la pupille forment des angles si petits que leur cône réfracté doit toujours avoir son sommet sur la rétine.

D'autres physiciens ont démontré que les foyers varient suivant les distances ; mais la variation est minime, et l'effort accommodatif doit être assez peu considérable, surtout si l'on se contente d'une vision imparfaitement nette, comme cela arrive le plus souvent.

Nous n'exigeons, en effet, du sens de la vision, une précision absolue, que si nous voulons porter sur l'objet examiné une sérieuse attention pour en reconnaître toutes les particularités, sans laisser échapper aucun détail.

Depuis une distance de 50 centimètres jusqu'à 0, l'accommodation demande plus d'efforts, et, à un point donné, variable suivant les individus, la vue perd toute netteté, et nul agent *organique* ne peut rétablir la sensation distincte des images.

D'autres faits nombreux ne permettent pas de mettre en doute l'existence de la faculté d'accommodation. Nous rapporterons l'expérience de Scheiner (1) en l'empruntant au *Dictionnaire encyclopédique des sciences médicales* (2) : « Tout œil, dit l'auteur, entre deux distances données et qui lui sont propres, distingue nettement un objet donné, de

---

(1) Scheiner : *Oculus œniponti*, 1619, lib. III, p. 163.
(2) M. Giraud-Teulon : Article ACCOMMODATION, p. 330.

petites dimensions, une épingle, par exemple. Or, si l'on place devant cet œil une carte percée de deux trous très-fins d'épingle, séparés par un intervalle un peu inférieur au diamètre de la pupille, je suppose 2^{mm}, 5, le sujet verra *distinctement* l'épingle, objet de son attention, et la verra *simple* ou *unique* tant qu'elle sera maintenue entre les limites que nous venons d'indiquer. Mais, vient-on à dépasser ces limites, c'est-à-dire à porter l'épingle *en deçà* de la limite rapprochée ou bien *au delà* de la limite distante, aussitôt l'épingle visée paraît *double* et *très-nettement double*. On observe de plus qu'en l'éloignant desdites limites, la distance des doubles images s'accroît proportionnellement. Il suit de là, très-évidemment, que tant que l'épingle est comprise entre les limites ci-dessus définies, l'œil change son état de réfraction avec la position de l'épingle ; mais qu'au delà ou en deçà des limites il devient un appareil optique fixe, assimilable à une lentille collective de longueur focale constante. »

Les expériences de M. Giraude-Toulon (même article) sont une confirmation des preuves précédentes. « Dans une première série d'expériences, continue l'auteur, pour nous affranchir des difficultés sans nombre que présente la mobilité, la fluidité du corps vitré, l'évaporation de l'humeur aqueuse à travers la cornée, etc., etc., nous avons mesuré nos longueurs focales en plaçant l'œil, la cornée dirigée en bas, sur un diaphragme ouvert et qui lui servait de cupule. La lumière réfléchie de bas en haut par un miroir plan, incliné sur un axe horizontal à 45°, traversait les milieux, suivant la verticale, perpendiculairement à leurs surfaces de séparation. Par là, la pesanteur qui, dans la position ordinaire, trouble tellement les expériences, agissait dans ce cas-ci pour nous. Une fenêtre pratiquée dans la paroi postérieure des membranes profondes, devenue supérieure, permettait de recevoir les images et de déterminer leur position.

Pour plus de sûreté encore, nous avons varié l'expérience en nous aidant de l'observation microsropique. A cet effet, nous placions le système simplement sur le porte-objet du microscope. Cette modification expérimentale nous a fourni une simplification assez heureuse. Elle nous a dispensé d'employer nécessairement un écran. L'image réelle et renversée, fournie à la surface du corps vitré, et, dans quelques circonstances, plus ou moins en arrière de cette surface, pouvait être visée au microscope comme un objet réel. Connaissant la distance focale de l'instrument considéré comme une lentille unique, nous pouvions toujours obtenir avec exactitude la position de l'image réelle, et conséquemment sa distance à telle ou telle surface de séparation des milieux. Ayant mesuré exactement la distance de l'image d'un objet envoyant à l'œil les rayons parallèles, soit à la surface antérieure de la cornée, soit à la surface antérieure du cristallin, le corps vitré conservé ; puis la distance de ces mêmes surfaces à l'image, quand nous placions l'objet à deux pouces de l'œil, on trouve constamment que, dans ce second cas, c'est-à-dire pour une divergence des rayons correspondant à deux pouces de distance entre l'objet et l'œil, le lieu des images s'est vu *reculé* :

Chez le bœuf de 6^{mm}.

Chez le mouton de 4^{mm}.

Chez le porc de 3^{mm}.

Chez l'homme de 2^{mm},5 à 3^{mm}.

D'après ces faits, il nous est permis de conclure à l'existence dans l'œil d'un appareil préposé à son ajustement entre les objets éloignés et la courte distance de la vision nette.

CHAPITRE II.

Historique et discussion des opinions sur l'accommodation de l'œil.

Quels sont donc les changements qui s'opèrent dans l'œil pour effectuer l'accommodation ?

Beaucoup d'opinions, ainsi que nous l'avons dit, ont été émises depuis Keppler (1), le premier auteur d'une théorie véritable de la réfraction dans l'œil jusqu'en 1800, époque à laquelle une discussion sérieuse fut élevée sur ce point de la science par Young (2) et Hunter (3), qui reprirent l'idée de Descartes (4) sur l'ajustement de l'œil, par la contraction des fibres propres du cristallin. C'est d'ailleurs cette opinion qui a été reprise depuis par les contemporains,

Cramer (5), en 1853, et Helmholtz à Berlin, même année, continuèrent les expériences de leurs devanciers en admettant la courbure du cristallin, non plus par l'intermédiaire de ses fibres propres, mais du muscle tenseur de la choroïde, autrement appelé muscle ciliaire.

Après avoir discuté rapidement ces principales hypothèses, nous arriverons à parler de l'iris et de certains muscles de

---

(1) Keppler, *Dioptrique*, 1611.

(2) Young, *Philosophical transaction*, 1801, vol. XCII, p. 53.

(3) Hunter, in *Phil. Trans*, 1794, p. 31.

(4) Descartes, *L'homme de René*, Paris, 1664, p. 39 et 43.

(5) Cramer, *Het accomodatie vermogen d. Oogen physiologsch. Taegelicht*, Harlem, 1853.

l'œil, organes qui tour à tour abandonnés et repris pour expliquer l'accommodation jouent, à notre point de vue, un grand rôle dans l'accomplissement de cette fonction si importante.

Quelques physiologistes ont expliqué l'accommodation par des modifications produites dans le cristallin :

1° Soit que cet organe augmente ou diminue les courbures de ses faces à l'aide de fibres contractiles qui entreraient dans sa structure ;

2° Soit que, conservant ses formes, il puisse changer de position, se rapprocher ou s'éloigner de la rétine, suivant la longueur du foyer.

1re THÉORIE. — La première théorie a été longuement développée par Keppler (1) et autres ; mais elle est peu admissible, car le cristallin ne contient pas de fibres contractiles ; il ne peut donc pas modifier sa forme par lui-même. Il y a bien au pourtour du cristallin une membrane, dite zonule de Zinn, dont la nature paraît être musculaire ; mais son mode d'insertion à la périphérie de la cristalloïde n'est pas encore parfaitement défini. Il n'est certainement pas impossible que la contraction des fibres de cette zone puisse agir sur les courbures du cristallin ; cependant sa connexion avec le bord antérieur de la rétine et son adhérence bien démontrée avec le muscle tenseur de la choroïde nous porte à lui attribuer sur la rétine une action analogue à la fonction qu'accomplit ce dernier muscle. Pour nous, la zonule entre en contraction en même temps que ce muscle, pour permettre à la rétine de suivre le mouvement de la choroïde. Sans la zonule, la ten-

---

(1) *Loc. cit.*

sion de la choroïde déterminerait dans la rétine la formation de plis nombreux qui gêneraient ses fonctions ; car, ainsi qu'il est démontré en physiologie, l'action de cette zone a pour but d'empêcher la production de ces plis.

2ᵉ Théorie. — La seconde thèse est encore soutenue aujourd'hui par certains physiologistes ; nous devons dire, avant d'aller plus loin, qu'aucune expérience n'a jamais démontré les allées et venues du cristallin. On explique ces déplacements par l'état de vacuité ou de plénitude des procès ciliaires. Dans l'état de plénitude, ces corpuscules déprimeraient la lentille en arrière et la rapprocheraient de la rétine ; dans l'état de vacuité, au contraire, ils lui permettraient de revenir en avant, à sa place primitive au voisinage de l'iris.

Il est utile de dire ici quelques mots des procès ciliaires, afin de bien établir leur disposition, puis leur situation relativement au cristallin qu'ils doivent mouvoir ; après quoi, nous pourrons juger les partisans de cette doctrine en connaissance de cause.

Les procès ciliaires sont presque exclusivement composés d'un tissu de vaisseaux sanguins ; si ces vaisseaux viennent à se congestionuer, il en résultera pour ces organes une augmentation assez notable de volume. Leur système vasculaire se dégorgeant, au contraire, le volume diminuera proportionnellement à l'état de vacuité des vaisseaux. Ces alternations peuvent produire des mouvements du genre de ceux que les physiologistes nomment *mouvements érectiles*. Si donc les procès ciliaires étaient interposés entre la face postérieure de l'iris suffisamment résistante et la face antérieure du cristallin, ils occasionneraient certainement des déplacements qui leur sont attribués ; mais leur position est toute différente. Quand on examine la chambre antérieure d'un globe oculaire dont la moitié postérieure a été enlevée, on voit le cristallin comme enchâssé au milieu des procès ciliaires, donnant un aspect tout à fait comparable, pour la forme, à la marguerite des champs ; *le cristallin représentant le réceptacle couvert des fleurons, et les procès ciliaires les demi-fleurons radiés de cette synanthérée.* C'est qu'en effet les faces antérieure et postérieure du corps ciliaire reposent : en avant, sur une dépendance de la choroïde, nommée par quelques anatomistes ligament ciliaire, par d'autres muscle tenseur de la choroïde, ou par le plus grand nombre encore muscle ciliaire ; et, en arrière, sur le corps vitré auquel même les procès ciliaires impriment leur forme. Leur base seule s'interpose entre le bord périphérique du cristallin et les attaches de l'iris, mais elle flotte librement dans l'espace qu'on appelait autrefois la chambre postérieure de l'œil. Cet espace qui est baigné par l'humeur aqueuse est assez vaste pour permettre à la base du corps ciliaire des changements très-étendus, sans qu'il soit nécessaire pour cela que l'iris avance ou que le cristallin recule.

Si l'état de plénitude ou de vacuité des procès ciliaires devait avoir de l'influence sur le cristallin, leur situation nous porterait plutôt à admettre une action sur les courbures de cet organe. Et voici comment : la plénitude augmenterait ces courbures par une pression égale et simultanée sur le pourtour de la lentille; la vacuité rétablirait l'état primitif.

3ᵉ Théorie. — On a parlé d'augmentations dans la courbure de la cornée ; nous ne connaissons pas d'agent physiologique capable d'augmenter directement cette courbure.

Nous pensons donc que l'on ne doit point admettre cette explication, qui du reste est généralement rejetée. L'expérience de Haldat (1) ne laisse pas de doute à cet égard. Haldat emprisonna la cornée entre l'humeur aqueuse d'une part, et de l'autre une couche d'eau contenue dans un tube terminé, à son extrémité fermée, par un verre à surfaces parallèles et de convexité calquée sur celle de la cornée ; par là, il annula l'influence de cette surface qui pouvait, étant comprise entre deux milieux de pouvoirs réfringents égaux, affecter toutes les variations possibles de forme sans influer sur la longueur focale du système. Dans cette situation et malgré l'annulation de la cornée, *le sujet peut voir à toutes distances*, et sentir en lui-même l'accomplissement de l'acte accommodatif.

Quant à l'aplatissement de la cornée, nous ne nous rappelons pas l'avoir vue signalée nulle part.

4e Théorie. — L'élongation antéro-postérieure du globe oculaire n'est pas impossible à notre point de vue ; deux muscles s'enroulent en demi-spirale assez exactement autour de lui : ce sont les deux obliques, *grand et petit*. Leur contraction synergique peut comprimer ce globe dans le sens transversal, projeter en avant sa face antérieure d'une certaine quantité, et accroître ainsi l'axe antero-postérieur de l'œil, dont l'élongation ne peut être effectuée par l'action des muscles droits, qui, au contraire, raccourcissent cet axe. Nous aurons à développer plus loin et à mettre en action le jeu puissant de ces différents muscles.

Nous ne parlerons point ici, ni de l'humeur aqueuse ni du corps vitré ; aujourd'hui leur rôle dans le pouvoir de l'adaption est complétement abandonné.

---

(1) In *Comptes rendus*, 1842.

5ᵉ Théorie. — Cependant, avant de discuter le rôle de l'iris dans l'accommodation, nous ne devons pas passer sous silence la théorie qui réunit aujourd'hui beaucoup de physiologistes. Nous voulons parler de celle qui consiste en un changement de courbure du cristallin par l'intermédiaire du muscle ciliaire. Young croit à la permanence de la faculté d'accommodation après l'extraction du cristallin. Ainsi, il avoue qu'ayant observé des opérés de cataracte, il a reconnu chez eux la conservation presque en totalité de leur faculté d'accommodation. Donders, après plusieurs expériences, est d'un avis contraire. Les physiologistes actuels et partisans de cette théorie sont en désaccord sur le mécanisme du cristallin dans cette fonction. Il en est de même de ceux qui font intervenir le muscle ciliaire. Nous nous contenterons de rapporter textuellement les conclusions de ces auteurs. Ainsi M. Giraud-Teulon, dans son article sur l'accommodation, arrive, après avoir discuté les diverses opinions exprimées sur le rôle joué par le muscle ciliaire dans cette importante fonction, à cette conclusion: « qu'aucune des hypothèses ne précise, avec l'exactitude voulue, la façon dont le muscle ciliaire en arrive à modifier la convexité du cristallin, et qu'il se reconnaît impuissant lui-même à dévoiler cette obscurité. Cette opinion était émise en 1864 dans un des premiers articles du *Dictionnaire des sciences médicales*, « Les dix années, continue l'auteur de l'article du muscle ciliaire (même ouvrage) (1), qui se sont écoulées depuis que ces lignes ont été écrites, n'ont point, il faut bien l'avouer, fait avancer sensiblement la solution du problème. Il reste acquis, dit le même auteur, que c'est par des changements

____

(1) Warlomont, t. I, p. 396.

dans la forme du cristallin, que les conditions réfractives de l'œil se modifient suivant les besoins. Mais quant à relier l'effet à la cause, on en est encore réduit, à cet égard, à des conjectures plus ou moins graves. » D'après Cramer et Donders, l'*iris*, accompagné du muscle ciliaire, produirait le changement de forme du cristallin par l'augmentation de pression dans le corps vitré.

En présence de divergences si grandes, il nous sera permis d'étudier le mécanisme de l'accommodation par le jeu de l'iris, qui agit seul, le plus souvent, ou accompagné de certains muscles de l'œil.

CHAPITRE III.

Rôle de l'iris et de certains muscles de l'œil en particulier sur l'accommodation.

Les mouvements de l'iris ont-ils de l'influence sur l'accommodation ?

Les opinions des physiologistes, ainsi que nous avons eu l'honneur de le dire, sont très-partagées sur cette question : et cependant, nous ne pensons pas qu'il puisse y avoir de doute à cet égard. Pour nous, l'agrandissement et le resserrement ou contraction de la pupille ont sur l'adaptation de l'œil aux distances une action si puissante, qu'en beaucoup de circonstances ces alternatives suffisent à l'accommodation. Nous savons d'un autre côté que le problème est complexe, que l'iris a pour fonction de mesurer la quantité de rayons lumineux nécessaires à l'accomplissement normal de la vision ; que les variations pupillaires ont pour cause l'excitation produite par la lumière : mais la nature peut remplir plusieurs indications par une action unique, et c'est ce qui rend l'économie animale si admirable, *pour qui étudie la simplicité des moyens comparée à la multiplicité des résultats.*

Quand un objet éloigné progresse vers le globe oculaire, deux modifications s'accomplissent en cet objet par le seul fait de la progression : *la distance qui le sépare de l'œil diminue, il prend donc avec cet organe un rapport différent ; il devient en même temps plus lumineux.* L'œil répond à ces

2

deux modifications qui résultent d'un acte unique, par un geste unique, *la contraction de la pupille*. L'iris diminue ainsi l'intensité de la lumière, ce que personne ne conteste; et il ne laisse pénétrer que les rayons adaptés, ce qui nous reste à démontrer.

Chacun sait que les rayons réfractés par une lentille convergente ne vont pas tous se couper en un même point; c'est ce phénomène qui porte en physique le nom d'*aberration de sphéricité*. Le foyer des rayons les plus excentriques se forme à une distance telle du foyer principal, qu'il jette une grande confusion dans ses images et qu'on est forcé d'en faire la suppression dans les instruments d'optique. Plus on s'éloigne du centre de la lentille, plus l'aberration de sphéricité est grande; mais elle se fait de moins en moins sentir à mesure que l'on se rapproche du centre. Or, l'un des effets les plus marqués de l'aberration, c'est de rendre le foyer des rayons excentriques extrêmement sensible à la distance, et par cela même essentiellement variable; tandis que le foyer des rayons voisins du centre est relativement bien plus fixe. En effet le foyer des rayons excentriques venant de l'infini et parallèle à l'axe, se forme entre la lentille et le foyer principal; mais si l'objet se rapproche, les rayons deviennent divergents, plus ils s'approchent plus les rayons divergent : les foyers s'allongent en proportion, et comme la divergence est d'autant plus prononcée que les rayons sont plus éloignés de l'axe principal, il en résulte que les foyers sont d'autant plus allongés que leurs rayons sont plus excentriques.

Un écran convenablement disposé recevra donc encore l'image des rayons voisins du centre de la lentille, quand l'image des rayons d'une zone plus éloignée, destinée à former un foyer plus lointain, ne peindra plus sur l'écran qu'un cercle de diffusion. On comprend dès lors *l'effet de la contraction progressive de l'iris :* à mesure que l'objet se rapproche, la pupille se rétrécit et supprime successivement les zones de rayons qui deviennent trop divergents pour se peindre nettement sur la rétine, conservant tous ceux qui convergent encore assez pour former leur image sur cet écran. Donc, *conservation des rayons qui sont au point ; suppression de ceux qui ne sont plus adaptés à la distance ;* voilà, à notre point de vue, le rôle de l'iris dans l'accommodation.

Il est encore une propriété de la zone centrale des lentilles dont il faut aussi tenir compte et sur laquelle nous appelons tout particulièrement l'attention des physiologistes : on sait que le rayon lumineux, dirigé suivant l'axe principal, ne subit aucune réfraction. Il marche directement jusqu'à la rencontre d'un obstacle, et, au point où il s'arrête, il forme intégralement son image ; on peut appeler son foyer *indifférent.* Les rayons voisins jouissent aussi de cette propriété à un degré plus ou moins prononcé, suivant leur proximité ; et les axes secondaires, formant avec l'axe principal un angle très-aigu, ont eux-mêmes un degré très-prononcé *d'indifférence :* de sorte que la pupille très-contractée, et réduite à son plus petit diamètre, conserve seulement des rayons presque indifférents, qui forment sur la rétine des images suffisamment nettes, quel que soit l'écartement relatif de cet organe.

Des expériences très-simples confirment la théorie qui vient d'être développée.

L'une de ces expériences est bien connue : elle consiste à examiner, à travers un trou d'épingle percé dans une carte, un objet placé à trois ou quatre centimètres du globe de l'œil; l'objet est perçu très-nettement, tandis que sans le secours de cet écran la vue ne peut apercevoir qu'une forme vague pour un point aussi peu distant. La conclusion de ce fait, c'est *qu'une ouverture étroite produit l'accommodation pour les objets rapprochés.*

L'indifférence des foyers de la zone centrale des lentilles se démontre avec le même appareil : à travers ce trou d'é-pingle, qui nous servait à voir un corps touchant presque le globe de l'œil, nous distinguons aisément des points de mire placés à de grandes distances, pourvu qu'ils soient suffisam-ment éclairés. Peut-être la démonstration n'est-elle pas complète et ne satisfait-elle pas un esprit rigoureux; aussi nous avons voulu la confirmer en faisant une expérimenta-tion avec des lentilles convergentes.

Nous nous sommes servis d'une lentille de 3 centimètres de foyer et d'une autre de 10 centimètres; visant à travers ces lentilles des objets éloignés, nous avions une sensation visuelle extrêmement vague. Mais, si nous interposions la carte percée entre l'œil et le centre de la lentille, nous ob-servions une vision relativement beaucoup plus distincte.

Nous sommes persuadés d'après ce qui précède que l'ac-commodation par *l'iris seul* suffit dans bien des cas, surtout quand il n'est pas nécessaire qu'elle soit d'une précision extrême ; nous nous contentons souvent d'un à peu près dans l'usage que nous faisons du sens de la vision; de même, en manœuvrant une lunette, on ne se donne pas toujours la peine de mettre l'instrument au point, les objets se dessi-nant d'une façon suffisante un peu en deçà et au delà du foyer mathématique. Mais pour les opérations qui exigent une grande précision, quand l'attention commande une accom-

modation rigoureuse, la nature doit recourir à d'autres procédés. De plus, l'iris, qui agit par suppression de rayons
lumineux, demande un éclairage d'une certaine intensité ; la
solution du problème se complique, quand l'éclairage vient
à varier « quoique l'abaissement proportionnel des sourcils et
de la paupière supérieure ait pour but d'atténuer cette diffi-
culté dans une certaine limite. » En effet, si l'on suppose la
pupille contractée à un degré déterminé, qui accommode
l'œil pour une distance donnée, l'objet visé venant à recevoir une lumière moins vive, la pupille se dilatera nécessairement et l'œil cessera d'être adapté. Il faut donc qu'il y ait
d'autres moyens qui puissent venir en aide au jeu de l'iris,
le suppléer et le remplacer au besoin.

C'est dans l'action des muscles moteurs du globe oculaire
et dans les modifications qu'ils impriment à la forme de cet
organe que l'on doit chercher ces autres moyens. Nous trou-
verons, dans l'étude de ces agents, le complément de la solution du problème.

Jeu des muscles de l'œil.

Deux des six muscles qui donnent le mouvement au globe
de l'œil, les obliques nous occuperont peu ; ce que nous
pourrions en dire n'est peut-être pas suffisamment fondé.
Nous devons faire remarquer cependant que ces deux muscles, dans leur rapport avec le bulbe, prennent cette espèce
de sphère dans une double arcade, formant autour d'elle une
écharpe oblique dirigée de dedans en dehors et d'avant en
arrière, que leur contraction simultanée tend à redresser et
à comprimer, entre leur anse recourbée et la paroi interne

de l'orbite, le globe oculaire dont, par suite, le diamètre antéro-postérieur doit se trouver allongé ; ce qui augmente la
distance relative entre le cristallin et la rétine, de manière à
permettre à des foyers plus longs, provenant par conséquent
de corps lumineux rapprochés, de venir se former sur l'é-
cran rétinien.

Les autres muscles sont les quatre muscles droits nommés,
à cause de leur rapport avec le bulbe : *supérieur*, *inférieur*,
interne et *externe*. Pour bien faire saisir le rôle qu'ils jouent
dans l'accommodation, nous rappellerons ici quelques particularités anatomiques les plus nécessaires au développement de ce qui va suivre.

L'orbite forme une pyramide quadrangulaire dont la base
s'ouvre en avant : le sommet, par lequel pénètrent le nerf
optique, d'autres nerfs et des vaisseaux, se trouve en arrière.
Cette cavité est divisée en deux portions par un feuillet de
l'aponévrose orbito-oculaire, connu sous le nom d'aponévrose
de Tenon ou *vaginale du bulbe*, qui, après avoir servi de gaîne
au nerf optique jusqu'au globe de l'œil, s'épanouit en un
godet dont les bords vont se fixer au pourtour de la
base de l'orbite. Tous les vides qui se trouvent entre les
vaisseaux, les nerfs et les muscles, en arrière de l'aponévrose de Tenon, sont comblés par des coussins de graisse
qui soutiennent mollement cette membrane et lui donnent
une force de résistance énergique et douce à la fois contre
tout mouvement rétrograde.

Les muscles droits de l'œil peuvent se rapporter à un
type unique, au moins pour ce qui concerne les points
d'anatomie qui nous intéressent ; l'attache postérieure se
trouve au sommet de l'orbite, c'est-à-dire au fond de cette
cavité ; puis, chacun d'eux s'avance en divergeant, l'un en

haut, un autre en bas, un troisième en dedans et le qua-
trième en dehors. Arrivés au godet aponévrotique, ils le traversent pour passer de la loge postérieure dans l'antérieure.
En franchissant cette aponévrose, les muscles s'y fixent par
un échange de fibres qui constitue là une solide insertion ;
puis, ils gagnent le tiers antérieur de la sclérotique, et s'é-
tendent sur elle en se fixant sur cette membrane par un
tendon *large* et *plat* faisant corps avec elle ; leur attache ren-
force la sclérotique dont ils formeront désormais la couche
extérieure. Les quatre tendons progressent vers la cornée
transparente, qu'ils atteignent par les extrémités de ses
deux diamètres horizontal et vertical, et leur fibres s'étei-
gnent sur elle en s'entrecroisant ou se continuant avec celles
qui ont pénétré par l'extrémité opposée.

L'action simultanée de ces muscles nous intéresse seulement au point de vue de l'accommodation.

Supposons en effet que le droit supérieur vienne à se con-
tracter seul, *il dirigera le regard en haut et en avant*, parce
que son passage à travers l'aponévrose est un point de
réflexion, et qu'il agit, comme s'il n'avait pas d'autre direction que celle de sa portion étendue entre le point réfléchi
et le tendon d'insertion à la sclérotique. Le globe oculaire,
maintenu sur le godet aponévrotique de Tenon, roulera sur
lui-même autour de son axe transversal, et alors toute sa
face antérieure montera. Le droit inférieur agira de la même
manière dans sa direction et produira le mouvement contraire. Les droits *interne* et *externe* attireront la cornée
transparente en dedans et en dehors par un mécanisme sem-
blable.

On comprend que ces muscles, éloignés du globe oculaire par leur passage à travers l'aponévrose vaginale du

bulbe, n'exercent sur lui aucune pression ; ils ne peuvent conséquemment produire son élongation antéro-postérieure.

La contraction synergique des quatre droits donne un résultat, qui peut être facilement déduit de leur disposition anatomique, formant pour ainsi dire deux anses allongées, l'une verticale, l'autre transversale, embrassant dans leur concavité la face antérieure de l'œil, la seule sur laquelle ils puissent agir ; ils tendent à attirer l'organe vers le fond de l'orbite où se trouve leur attache fixe, mais le bulbe ne peut pas reculer, puisqu'il en est empêché par l'aponévrose de Tenon, vigoureusement soutenue par les coussins grais-seux. Cette traction a donc pour résultat d'aplatir le globe de l'œil d'avant en arrière. En même temps, le prolongement des tendons d'attache à la sclérotique, jusque sur les lames de la cornée, tiraille cette dernière membrane par presque toute sa périphérie dans quatre directions opposées deux à deux ; d'où résulte une diminution très-notable dans la cour-bure cornéenne.

Nous ne ferons point intervenir ici le ligament ciliaire, appelé, à plus juste titre, muscle ciliaire. Son rôle est connu et nous n'avons point à revenir sur le jeu de cet organe.

Avec ces données, il va nous être facile d'expliquer l'ac-commodation par le jeu des muscles de l'œil. Les foyers des objets lumineux varient entre deux limites extrêmes qu'il appartient à la physique de préciser : l'une, la plus rappro-chée possible des lentilles, est le point où se forme le foyer des rayons parallèles à l'axe, puisqu'ils viennent de l'infini. « N'ayant à nous occuper que de la mobilité de deux points, nous espérons être compris en donnant un nom à chacun de ces points sans être obligé de construire pour cela une figure. »

Nous nommerons le foyer des rayons parallèles FR, initiales du foyer rapproché; la limite la plus éloignée portera le nom de FE, foyer éloigné; ce sera le point où viendra se former le foyer d'un objet placé à 12 centimètres environ de la cornée transparente; parce que, si pour une vue normale on rapproche davantage l'objet, son foyer se formera toujours derrière la rétine, et la vision, conséquemment, ne pourra plus être nette.

Supposons maintenant l'œil accommodé pour le foyer FE; il peut l'être naturellement, c'est-à-dire que son état de repos est précisément la situation de la rétine en FE, ou plutôt, comme nous inclinons à le croire, la contraction synergique des muscles obliques a fait reculer l'écran jusqu'à ce point.

Pour percevoir les foyers qui se formeront entre FE et FR, il faut que la rétine se rapproche de FR jusqu'au foyer à recueillir, ou bien que, par une modification quelconque dans les milieux transparents, ce foyer s'allonge jusqu'à la rencontre de FE. Il y a encore une dernière alternative, c'est la combinaison des deux mouvements. Progression de FE vers FR et progression simultanée du foyer quelconque à percevoir vers FE.

L'action combinée des quatre muscles droits produit précisément ce double effet. Si donc l'objet qui a produit son foyer sur la rétine en FE s'éloigne jusqu'à une distance infinie, les muscles droits se contractant progressivement et diminuant ainsi l'axe antéro-postérieur du globe oculaire, l'intervalle qui sépare les lentilles de l'écran sera diminué de plus en plus; de sorte que des foyers de plus en plus courts, pourront être recueillis depuis FE jusqu'à FR. Et d'un autre côté cette même contraction progressive des droits ayant pour résultat un aplatissement proportionnel de la courbure cornéenne, les rayons lumineux émanés de l'objet qui s'éloigne, formeront un foyer relativement moins convergent, et qui s'allongera sufisamment pour se peindre nettement sur la rétine. Le foyer et l'écran seront ainsi maintenus constamment en rapport.

Quand les objets se rapprochent, l'accommodation a lieu par un retour graduel des muscles à leur état de repos, qui permet aux parties constitutives du bulbe de revenir à leur forme primitive.

CONCLUSION.

Ainsi, pour conclure, nous pensons que le jeu de *l'iris* et *celui des muscles droits de l'œil* peuvent expliquer les dégrés de l'accommodation dans tous les cas possibles, et que fréquemment l'un ou l'autre de ces appareils suffit. Nous ne sommes pas éloignés d'admettre, dans une certaine mesure, le concours des muscles obliques ; et nous bornant à signaler les deux agents qui paraissent le plus favorablement disposés pour remplir l'indication, nous ne voulons pas dissimuler que la nature, si féconde et si ingénieuse, ne puisse encore atteindre le but par d'autres voies ni recourir à d'autres procédés.

www.ingramcontent.com/pod-product-compliance
Ingram Content Group UK Ltd.
Pitfield, Milton Keynes, MK11 3LW, UK
UKHW021709090726
13657UKWH00005B/2131